爱上数学25

· 平均数 ·

丢失的五彩石

〔韩〕朴惠淑 / 著　〔韩〕赵信爱 / 绘　江凡 / 译

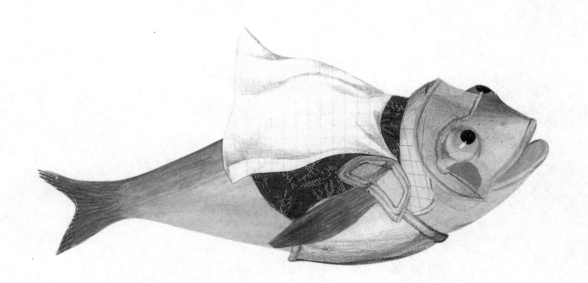

云南出版集团　晨光出版社

只要数数每个月
有几条鱼死亡
不就行了吗？

一向平静的黑水国突然面临重大危机。不知从何处漂来的油污，污染了整个水域，很多鱼都因此丢掉了性命。

在过去的 3 个月里，已经有 18 条鱼丧生了。那么，每个月平均有几条鱼死亡呢？

"陛下，陛下，大事不好了！"

清水国的秋刀鱼将军气喘吁吁地闯进宫殿。

"这一大清早的，有什么重要的事非得把我吵醒啊？"

"净化水源的五彩石不见了，外面都乱了套了。"

"什么？五彩石不见了？"海星国王的表情立刻变得凝重起来，

"快去调查清楚到底丢了多少颗五彩石！"

秋刀鱼将军连忙召集了他的部下们，"你们现在立刻分头行动，赶去东村、西村、南村和北村，调查清楚每个村庄到底有多少颗五彩石不见了。"

"是，将军！"部下们接到命令，兵分四路前去调查。

到了村里，他们挨家挨户调查五彩石丢失的情况，用贝壳记录丢失的五彩石的数量。

调查完毕后，部下们立刻将结果上报。

拿到结果的秋刀鱼将军去向海星国王禀报。

此时的海星国王已是愁容满面。

"这可如何是好，如果没有五彩石，百姓们连呼吸
都会变得非常困难。到底丢了多少颗呢？"

东村

北村

秋刀鱼将军把 4 个篓子里的贝壳拿出来数了数。

"东村丢了 2 颗，西村丢了 6 颗，南村丢了 8 颗，北村丢了 12 颗。"

"这样看来一共丢了 28 颗。那么平均每个村庄丢了几颗呢？"海星国王问道。

南村

西村

"平均？那是什么意思？"

不知道什么是平均的秋刀鱼将军，只能呆呆地盯着一堆贝壳，无法回答国王的问话。

其他的部下也一样，都不知道平均是什么意思。

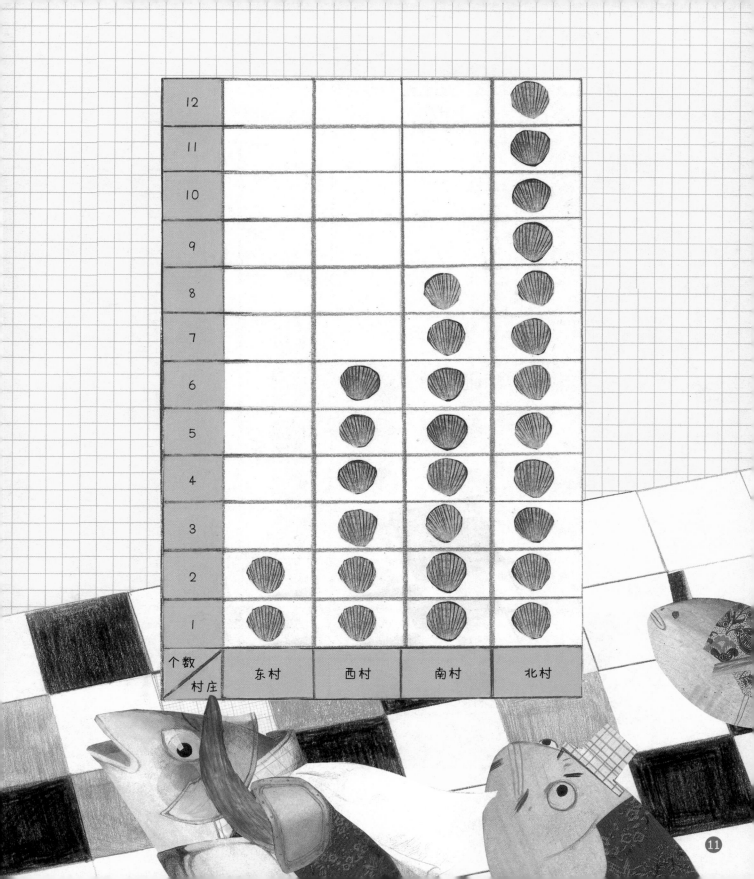

个数 村庄	东村	西村	南村	北村
12				🐚
11				🐚
10				🐚
9				🐚
8			🐚	🐚
7			🐚	🐚
6		🐚	🐚	🐚
5		🐚	🐚	🐚
4		🐚	🐚	🐚
3		🐚	🐚	🐚
2	🐚	🐚	🐚	🐚
1	🐚	🐚	🐚	🐚

这时，海马将军站了出来。他从贝壳最多的那堆里捡出来几个，扔到了最少的那堆，倒腾了几次，直到每堆贝壳的数量都变得一样。

"禀告陛下，平均每个村庄丢了 7 颗五彩石。"

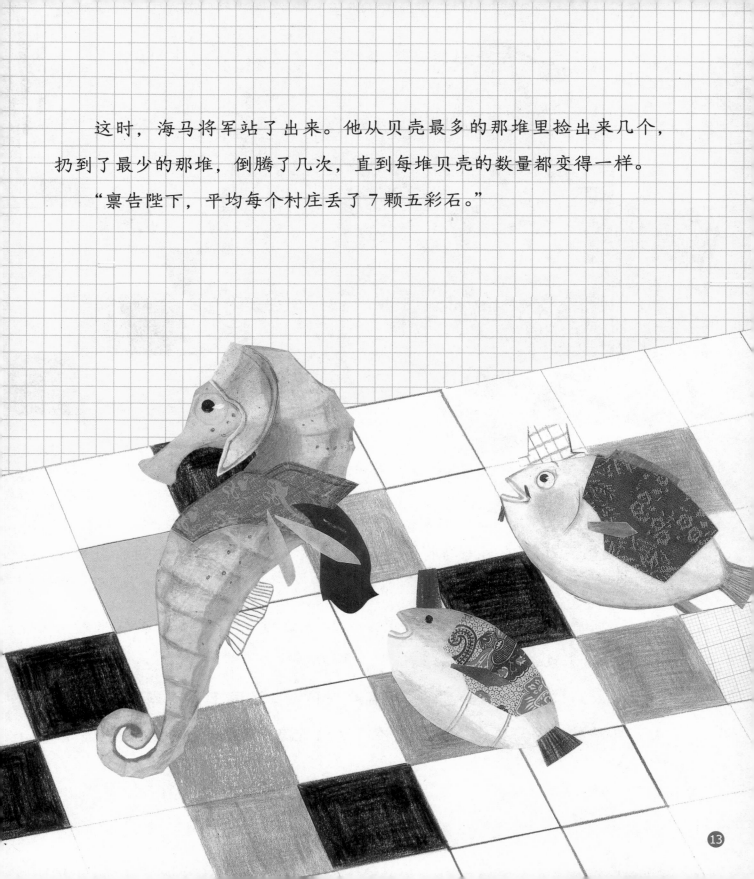

　　海星国王痛心地问海马将军："那么，你认为五彩石丢失的原因是什么呢？"

　　"我觉得可能是被黑水国偷走了。听说最近他们水域的水越来越清澈，十有八九就是因为五彩石。"

　　"什么？被黑水国偷走了？岂有此理！"海星国王气得满脸通红，"秋刀鱼将军，海马将军，你们现在马上去把五彩石给我找回来！"

　　"遵命！"

秋刀鱼将军和海马将军急忙召集各自的部下，宣布命令："马上出发去黑水国！"

不一会儿，一行人就来到了黑水国。那里的水域果然在不知不觉间变得不一样了。

"天啊，快看！这里的水真的比以前清澈多了。"

两个将军和部下们分散开来，开始寻找五彩石。

"找到了！"

"我也是！"

周围传来大家找到五彩石的呼声。

他们把找到的五彩石整整齐齐地装进了篓子里。

两位将军去找黑水国的章鱼国王理论。

"你们为什么要偷走五彩石？"

面对两位将军的质问，章鱼国王低下了头，说道："不久前，黑水国的水受到了严重污染，连能喝的水都没有了，很多人因此丧命，咳咳！我们实在是没别的办法了。"

听了章鱼国王的话，两位善良的将军也不忍心再责怪什么。

"我们黑水国的水并不是一开始就这么黑的。不知从什么时候起，水里开始出现油污，黑水河的水就慢慢变黑了。第一个月死了 3 条鱼，第二个月死了 6 条，第三个月也就是这个月，已经死了 9 条鱼了。"

红了眼眶的海马将军算了算，说："相当于平均每个月就有 6 条鱼丧生啊。"

章鱼国王难过地点了点头。

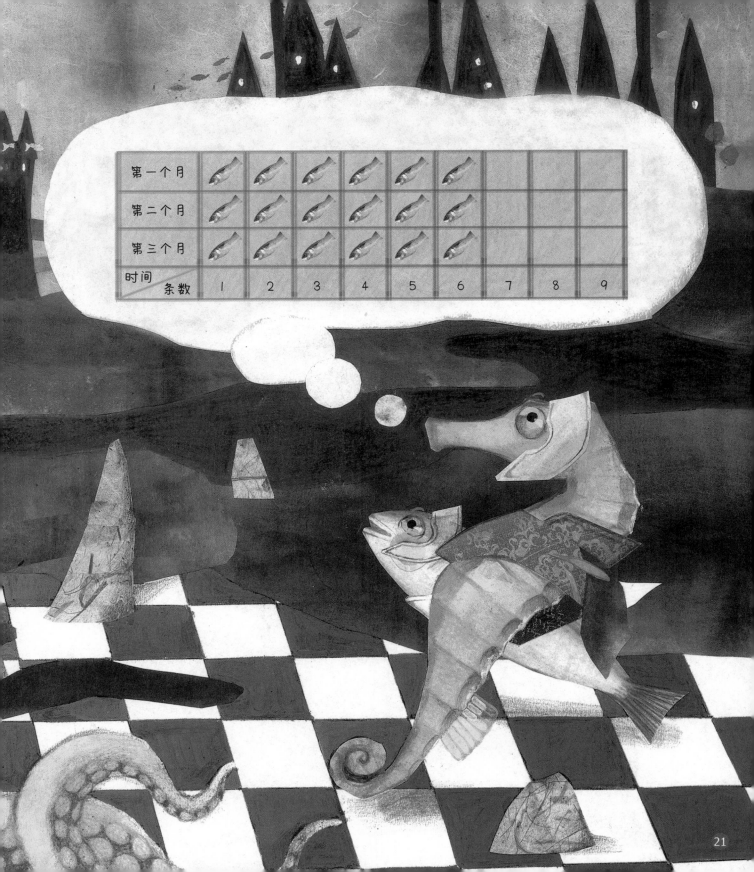

第一个月	🐟	🐟	🐟	🐟	🐟	🐟			
第二个月	🐟	🐟	🐟	🐟	🐟	🐟			
第三个月	🐟	🐟	🐟	🐟	🐟	🐟			
时间 条数	1	2	3	4	5	6	7	8	9

回到清水国复命的两位将军献上了找回的五彩石，并向海星国王禀报了黑水国发生的事情。

　　认真听完后，海星国王做了一个重大决定，"我们不能对黑水国的遭遇袖手旁观，我决定，送给黑水国10颗五彩石。"

在两位将军和众多大臣的护送下，海星国王带着 10 颗五彩石来到了黑水国。

收到五彩石的章鱼国王喜出望外，"多谢你们伸出援手。这份恩情我一定铭记在心！"

回到清水国后，两位将军的部下把剩下的五彩石放回了原处。现在，清水国的百姓们又能像以前一样自由呼吸了。

"海星国王万岁！"

"秋刀鱼将军万岁！"

"海马将军万岁！"

听到百姓们的欢呼声，两位将军内心激动不已，互相凝望着对方，真诚地说道：

"多亏了你啊。"

"不不，如果不是你，我们根本解决不了问题。"

百姓们的生活恢复安定后，海星国王召见了两位将军。

"这次的事，你们功不可没，我要赏赐你们！这个箱子里的宝石，你俩平分吧。"

海星国王面前放着一个巨大的宝箱。

这时，秋刀鱼将军突然瞪大了眼睛，一改之前的态度，说自己应该分得更多的宝石。

"陛下，臣惶恐。这次的事，我的部下功劳更大，因此我认为我们理应分得更多的宝石。"

"为什么说你的部下功劳更大呢？"

秋刀鱼将军像是在等着海星国王问他呢，立即回答道："我的部下找到了 16 颗五彩石，而海马将军的部下只找到了 12 颗。"

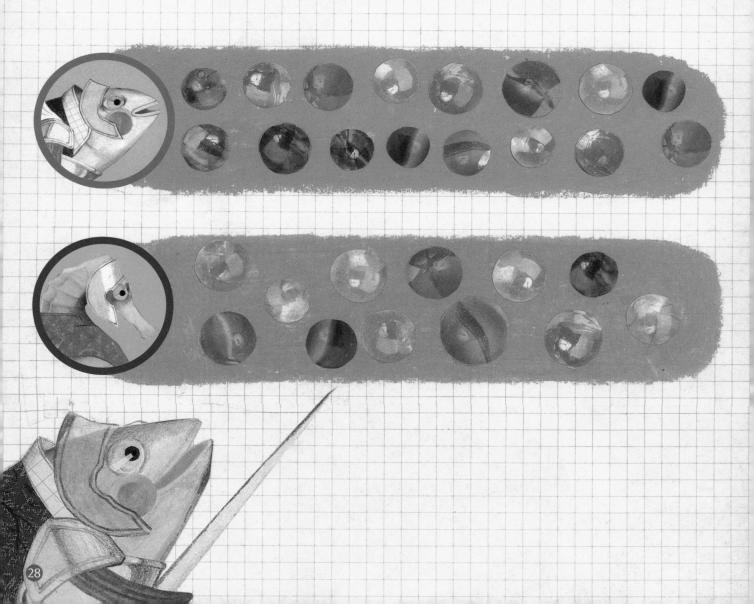

这时，一直沉默不语的海马将军说话了，"陛下，这并不能说明秋刀鱼将军部下的功劳更大。秋刀鱼将军有 4 名部下，一共找到了 16 颗五彩石；我有 3 名部下，一共找到了 12 颗五彩石。平均算下来，每个人都找到了 4 颗五彩石，他们的功劳是一样的。"

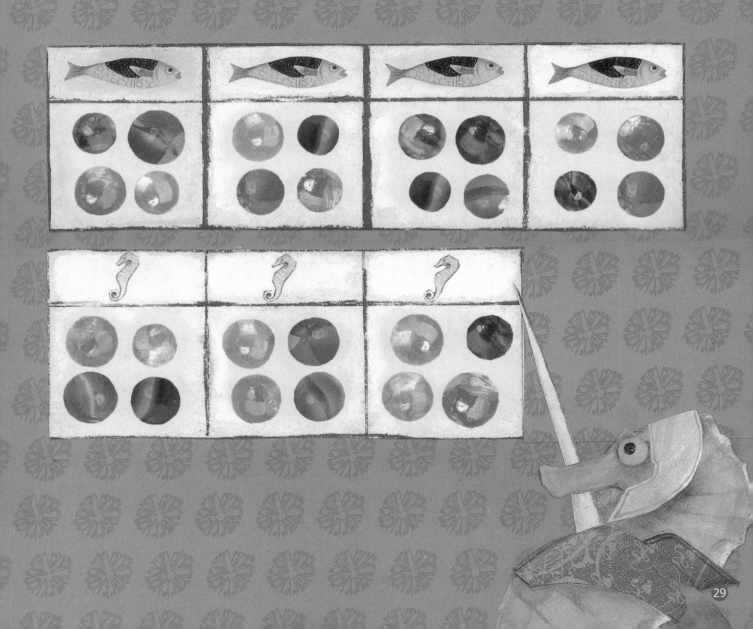

听到这里，秋刀鱼将军脸红了，不好意思地说："原来是这样！对不起啊，海马将军。"

海马将军虽然觉得刚才秋刀鱼将军的举动很可气，但还是宽宏大量地原谅了他。

"多谢你能原谅我，朋友。"秋刀鱼将军感激地说。

看到这个场景的海星国王欣慰地笑了，"两位将军的友情真是非同一般啊。现在，快把宝箱里的宝石给大家分了吧！"

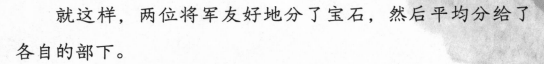

就这样，两位将军友好地分了宝石，然后平均分给了各自的部下。

此后，清水国和黑水国的老百姓之间往来日益频繁，两国的友情也越来越深厚。

海星国王和章鱼国王还经常约着一起下棋、聊天呢。

让我们跟秋刀鱼将军一起回顾一下前面的故事吧！

　　清水国的五彩石不见了。经调查，丢失的五彩石一共有 28 颗。聪明的海马将军告诉我们平均每个村庄丢失了 7 颗，是用丢失的五彩石的总数 28 除以村庄的总数 4 得出来的。平均数就是这样计算的，用数据的总和除以数据的个数。后来，我和海马将军带着部下去黑水国把所有丢失的五彩石都找回来了。

　　现在，我们就来详细地了解一下平均数吧。

数学面对面

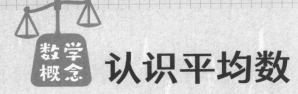

认识平均数

到了秋天，候鸟们就会飞到气候温暖、食物充足的地方。小兔观察了过去的一个星期，每天迁徙来的候鸟数量。

候鸟数 （只）＼星期	一	二	三	四	五	六	日
7							🐦
6					🐦	🐦	🐦
5			🐦		🐦	🐦	🐦
4		🐦	🐦	🐦	🐦	🐦	🐦
3	🐦	🐦	🐦	🐦	🐦	🐦	🐦
2	🐦	🐦	🐦	🐦	🐦	🐦	🐦
1	🐦	🐦	🐦	🐦	🐦	🐦	🐦

> 什么是平均数呢？

从星期一到星期日，每天飞来的候鸟数分别是3，4，5，4，6，6，7。那么，平均每天飞来了几只鸟呢？

平均数就是用一组数据的总和除以这组数据的个数。下面我们通过图表来详细地了解一下吧。

在表格中，我们把候鸟数量较多的几列里的鸟，往数量较少的几列一只一只地挪动，就能得到平均数了。

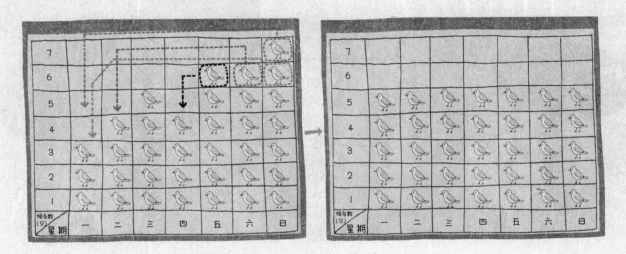

把星期五、星期六和星期日飞来的候鸟挪到星期一、星期二和星期四后，每天飞来的候鸟数就全都是 5 只了。因此，过去一星期平均每天飞来 5 只候鸟。

下面我们再用积木来演示一下怎么得到平均数吧。

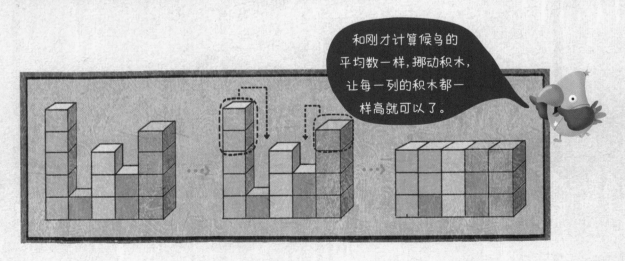

和刚才计算候鸟的平均数一样，挪动积木，让每一列的积木都一样高就可以了。

把高的那列积木，一块一块地挪到低的那一列，使得每列积木高度一样。挪动后，我们会发现每列积木的个数都是 3。也就是说，平均每列有 3 块积木。

可是，并不是只能用这种一个一个挪动的方法来得到平均数。我们有一种简便算法，可以不用挪动积木，直接算出平均数。

平均数就是一组数据的总和除以数据的个数。我们还是用前面的积木计算一下吧。

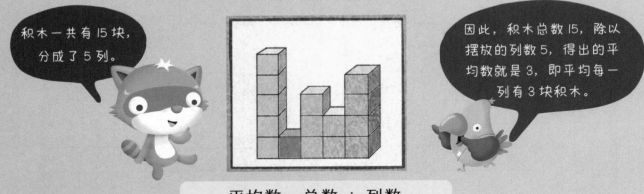

积木一共有15块，分成了5列。

因此，积木总数15，除以摆放的列数5，得出的平均数就是3，即平均每一列有3块积木。

平均数 = 总数 ÷ 列数

下面，利用学到的公式，再来熟悉一下计算平均数的方法吧。小艺所在的学习小组正在做听写练习，我们来算算孩子们的平均分是多少吧！

小艺和同学们的听写成绩

小京 4分
小宇 8分
小英 9分
小艺 9分
小珍 10分

平均分 = 总分 ÷ 人数
= （4+8+9+9+10）÷ 5
= 40÷5
= 8

听写成绩的总分40除以孩子们的人数5，结果是8。因此，5个孩子听写成绩的平均分是8。

小珍、小艺和小英的分数比平均分高，小京的分数比平均分低，小宇的分数则恰好等于平均分。那么，小宇的分数是学习小组听写成绩的中位数吗？

中位数是把一组数据从大到小或从小到大排序后，排在中间位置的那个数。根据上图，和平均分 8 相等的小宇的分数并不在中间位置，而是排在第 4 位。可见，平均数和中位数是两个不同的概念。所以，千万不要忘记：平均数并不一定就是排在最中间的那个数。

平均数能代表整体吗？

古代有一个将军，带兵打仗的路上遇到了一条河。将军问部下："河水的平均深度是多少？"部下回答说："河水的平均深度大约是 140 厘米。"因此，将军觉得以士兵们平均约 165 厘米的身高，走着过江完全没有问题。但是他没想到，河流中部的深度远远超过了士兵的平均身高，很多士兵都被水冲走了。

由此可知，我们是不能只通过平均数来推断整体情况的。

生活中的平均数

我们通常用平均数来反映整体的状态，比如考试的平均成绩、人们的平均体重等等。那么，生活中还有哪些地方用到了平均数呢？

日益严峻的城市问题

随着经济的发展，城市人口越来越多。但是，也由此产生了许多问题。其中，最突出的就是住房问题和交通问题。某座城市的一项调查显示，平均每天有 180 个人迁入该市，而迁出该市的日平均人数仅仅只有 30 人。与此相比，新建住房增长的速度却缓慢得多。因此，住房问题成为了该城市的一大难题。另外，这座城市汽车的保有量平均每天增加 250 辆，道路也变得拥堵起来。

学会理财

现在，大多数的爸爸妈妈都上班，他们每个月会收到工资，这是他们一个月的劳动报酬，我们称之为"收入"。每个人每月的收入总体上是固定的，偶尔也会有差异。如果爸爸妈妈每个月都按照高收入支出，就会使家庭经常处于入不敷出的状态。那么，我们怎样才能更好地支配每个月的收入呢？最好的办法就是根据全年每个月的平均收入做好计划。这样一来，我们就能更加游刃有余地生活了。比如在收入高的月份，我们可以将一部分钱存起来，以便在收入低的月份使用。

🧪 科学

全球变暖

地球表面平均温度的持续上升被称作全球变暖。汽车排出的尾气、工厂的煤烟都导致地球越来越热。最近的 100 年，地球的平均温度上升了约 0.74℃。由此引发的洪水或干旱等自然灾害越来越频繁，很多动植物物种濒临灭绝，生态平衡遭到破坏。除此之外，北极和南极的冰川开始融化，海平面持续升高，将来地势较低的城市很可能会被淹没。

▲ 极地的冰川正在融化

🪢 体育

体操比赛的分数

体操是从第一届奥林匹克运动会就有的比赛项目，包括自由体操、单杠、双杠、吊环和鞍马等。这项运动以技术性和完美性作为采分点，对选手的动作进行打分。那么体操比赛的分数是如何构成的呢？体操比赛的裁判由 2 名 A 组裁判和 6 名 B 组裁判组成。A 组裁判负责给动作的技术性打分，B 组裁判负责给动作的完成度打分。其中 B 组裁判最后的评分，是去掉一个最高分和一个最低分，根据剩下 4 名裁判的平均分数确定的。A 组裁判给出的评分减去 B 组所扣分数，即为运动员的最终得分。

▶ 吊环

▶ 双杠

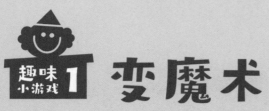

变魔术

下图中，由许多积木拼成的图形高度不一。请参照 示例 ，动动脑筋，将其他两个组合图形变成高度一致的长方形图形；请沿黑色实线将本页底部的小方块剪下来，贴在合适的位置。

哪条小鱼答对了

清水国的 3 条小鱼正在高兴地喝水。他们喝水的总量和每条小鱼喝水的平均量各是多少？请给两项都表述正确的小鱼戴上王冠。

鱼的种类	每条小鱼喝水的量		
喝水的量（杯）	🐟	🐟	🐟

3 条小鱼喝水的总量

每条小鱼喝水的平均量

3 条小鱼喝水的总量

每条小鱼喝水的平均量

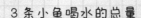
3 条小鱼喝水的总量

每条小鱼喝水的平均量

谁获得了金牌

清水国的小鱼们正在参加吃热狗大赛。请按照主持人的描述，给条形图涂上正确的颜色。然后沿黑色实线将页面左下角的奖牌剪下来，按名次给选手们贴上金、银、铜牌。

3名选手一共吃了18个热狗。其中，鳐鱼比青花鱼多吃了1个。3名选手平均每人吃了6个热狗。

数量\种类	青花鱼	带鱼	鳐鱼

    金 银 铜

粘贴处

粘贴处

粘贴处

减肥的小鱼

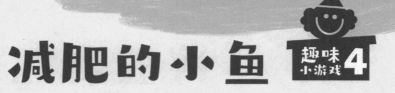

黑水国的一条小鱼为了减肥，一个星期都在坚持跳绳。根据小鱼的描述，分别算出它星期四跳了多少次和平均每天跳多少次，然后将正确答案圈出来。

我这个星期一共跳了35次。

一星期内的跳绳次数

星期	一	二	三	四	五	六	日	合计
次数	5	2	3		6	4	8	35

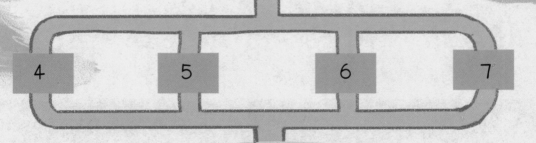

星期四跳了多少次

4　　5　　6　　7

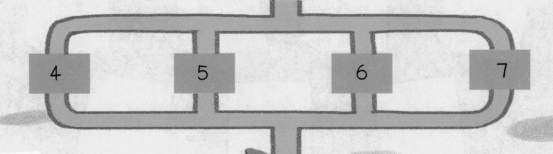

平均每天跳了多少次

4　　5　　6　　7

趣味小游戏5 寻找五彩石

根据表格，算出一个星期之内找回五彩石的平均数，再圈出和平均数一样多的五彩石袋子。然后找一找哪几天找回的五彩石数量多于平均数，给那几天的小纸条涂上颜色。

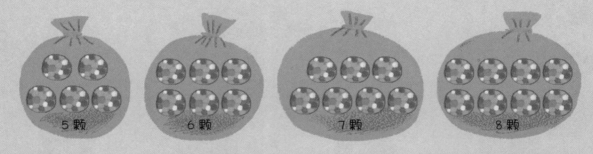

每天找到五彩石的个数							
星期	一	二	三	四	五	六	日
个数（颗）	4	10	6	10	9	7	3

5颗　　6颗　　7颗　　8颗

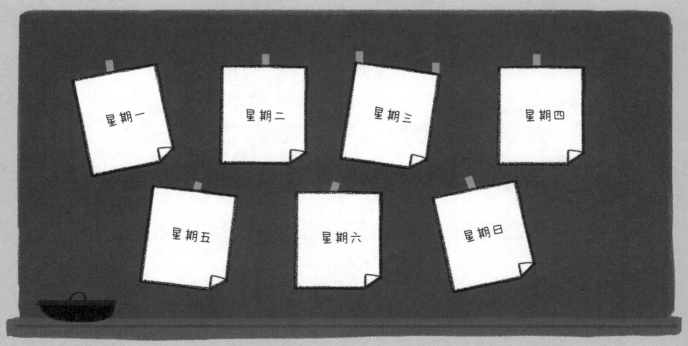

星期一　星期二　星期三　星期四

星期五　星期六　星期日

阿虎的成绩单

阿虎不久前参加了考试，下面是他的试卷和成绩单。根据各科目的试卷，按要求填空。然后用阿虎的口吻写一份决心书。

数学 100　语文 70　音乐 50　体育 80

成绩单

三年级（3）班
姓名：阿虎

1. 成绩

科目	数学	语文	音乐	体育	平均分
分数	100分	70分	50分	80分	____分

2. 分数比平均分高的科目

____ ，____

3. 分数比平均分低的科目

____ ，____

4. 阿虎的决心书

47

参考答案

42~43 页

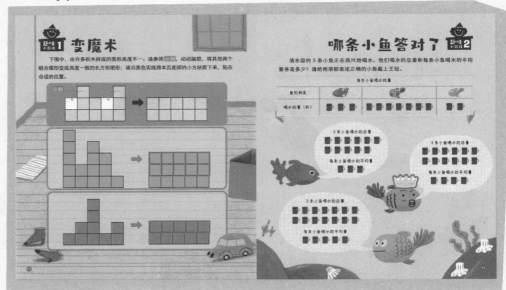

44~45 页

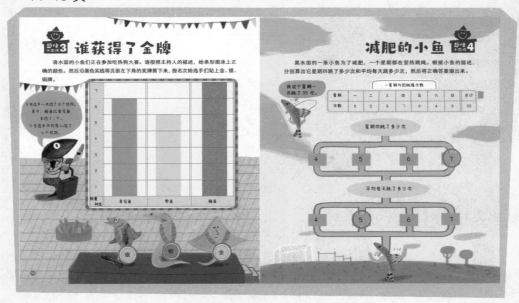

把每条小鱼喝水的杯数相加，然后再除以3，就可以计算出平均每条小鱼喝了几杯水啦！